隐藏在自然博物馆里的怪物

YINCANGZAI
ZIRANBOWUGUANLIDE

李莉◎著

GUAIWU 怪物

大惊小"怪"

Da JingXiaoGuai

上海科学技术文献出版社
Shanghai Scientific and Technological Literature Press

图书在版编目（CIP）数据

大惊小"怪" / 李莉著 . —上海: 上海科学技术文献出版社，
2021

（隐藏在自然博物馆里的怪物）
ISBN 978-7-5439-8358-8

Ⅰ.① 大… Ⅱ.①李… Ⅲ.①生物学—普及读物 Ⅳ.
① Q-49

中国版本图书馆 CIP 数据核字 (2021) 第 132789 号

选题策划: 张　树
责任编辑: 苏密娅
封面设计: 留白文化

大惊小"怪"
DA JING XIAO "GUAI"
李　莉　著
出版发行: 上海科学技术文献出版社
地　　址: 上海市长乐路 746 号
邮政编码: 200040
经　　销: 全国新华书店
印　　刷: 常熟市华顺印刷有限公司
开　　本: 720mm×1000mm　1/16
印　　张: 4.5
版　　次: 2021 年 8 月第 1 版　2021 年 8 月第 1 次印刷
书　　号: ISBN 978-7-5439-8358-8
定　　价: 39.80 元
http://www.sstlp.com

目 录

地球『改造者』
叠层石里的秘密

　　最早的生命起源于多少亿年前呢？当你带着这个疑问，走进博物馆的时候，讲解员老师一定会带你去看看叠层石。讲解员会告诉你，这上面有距今20亿年前的蓝细菌留下的生命痕迹，但你会觉得这就是普通的石头嘛！那个跨越20亿年的古老生命，它会在哪呢？

叠层石标本

　　地球上最早的生命化石，就是早期绿色生命蓝细菌和它的微生物同伴们造就的叠层石。宏观上看它们色彩丰富，层叠往复，形态各异。但你们知道吗？如果在电子显微镜底下观察，却可能在一些层叠上看到细细小小的圆形小空腔。如果能观察到这些小空腔，那恭喜你，你可能看到了地球早期生命：蓝细菌留下的"鼻涕泡"化石痕迹。黏糊糊的鼻涕泡，你想想会觉得好恶心，但对于蓝细菌来说，这些黏糊的成分作用可大了。但蓝细菌到底是什么呢？"鼻涕泡"又是什么呢？

　　蓝细菌繁衍的一小步，却是改造早期地球大气层的一大步。

　　众所周知，我们的地球已经46亿岁了，早期的地球可不是现

大惊小"怪"

早期地球环境

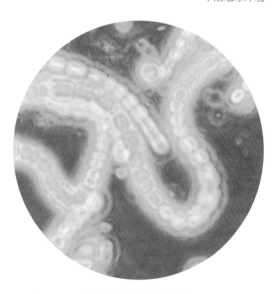

放大 2400 倍的蓝细菌

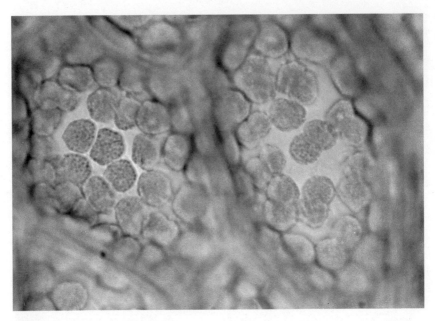

叶绿体

在的样子，当时的地球用变幻莫测、电闪雷鸣、天崩地裂、烈焰炎炎这些词形容，会更合适。当时的大气里充斥着氮气、二氧化碳、水分、氨气、甲烷、氢气等，而供现在地球需氧生命呼吸的自由氧是根本不存在的。但在距今30多亿年以前，地球大气层中开始出现了游离氧，而这些氧气的制造者，正是这些伟大的体型却及其微小的蓝细菌们，它们太小了，它们和细菌共称为原核生命。小到肉眼看不见的家伙，虽然已经具有了一定的细胞结构，但是还没有细胞核。它们在35亿年前问世，就担当着改造大自然的伟大使命。不要奇怪，蓝细菌繁衍的一小步，却是改造早期地球大气层的一大步。

大惊小"怪"

蓝细菌是最早出现在地球上的绿色生命，虽然它叫作蓝细菌，但身体里却充满着可以进行光合作用的叶绿体，叶绿体就是一个氧气制造体，蓝细菌们吸收当时大气里的二氧化碳，在当时强烈的太阳紫外线下，叶绿体开始工作，产生出大量的氧气。在30多亿年—18亿年前，那个时期被称为蓝细菌世界，它们凭借着自身演化的优势，在极其恶劣的自然环境中，对抗着强烈的辐射和变化无常的温湿度，源源不断地制造出未来生命必须的氧气。

而咱们之前提到的鼻涕泡泡，在对抗严酷环境中，起着极其重要的作用。黏糊的鼻涕只是一种比喻，它是蓝细菌产生的胞外聚合物，主要是果胶成分为主的胶鞘。在当时的浅水环境里，蓝细菌在水层和胶鞘的保护下，抵抗着当时太阳紫外线的极大辐射。比起同时出现的其他生命，蓝细菌更能够适应当时的生态环境，开始大量生长，繁衍生息。而这些在叠层石上形成的鼻涕泡泡，就是氧气在释放过程中，被胶质成分包裹，还没有来得及释放时，突然遭遇变故，而形成的化石痕迹。蓝细菌们用近20亿年的时间，用自身产生的氧气氧化了所有地球表面的可以被氧化的物质（还原物），它们可能是含元素丰富的土壤、气体等。当地球表面所有能被氧化的物质都被氧化了，游离氧最终挣脱束缚，开始重新塑造地球的大气层。这些充足的氧气，让地球的需氧生命开始出现、繁衍，最终形成了地球如今的面貌。

目前地球大气的氧含量大概是20%，虽然高等植物的出现，确实增加了对地球的造氧能力。但事实上，目前地球上生物产出的氧气量，大部分依旧是蓝细菌们贡献的。

如今的地球面貌

植物世界——植物登陆景观

登陆先锋

裸蕨植物

植物登陆复原图

大惊小"怪"

在自然博物馆植物展厅，你会看到一个明亮的展示柜，里面有一株株低矮的、没有叶片的光杆植物，和现在大自然里舒展、高大、枝叶繁茂的植物比起来，它们可太不起眼了。但细心的观众会发现，这些低矮的生命，有的生活在水中，但有的似乎已经可以脱离水，生活在陆地上了。如果我们看一下展示柜的名称，我们就知道了，这里展示的是植物的登陆。植物登陆意义太大了，当植物征服陆地之后，陆生的动物才开始发展进化出来。

众所周知，最早出现的植物是生活在水中的蓝细菌和藻类植物，当时的水域辽阔，它们大量繁殖，经过漫长的10多亿年的演化过程，一些蓝细菌类和一些绿藻类开始率先向陆地进发。最开始，可能是几次偶发性事件，例如：地壳的变动，水域开始减少，大量的藻类因为缺水，开始消亡。但是一些藻类，却可以暂时生活在少水的区域，并且在上亿年的演化过程中，最终摆脱对水的依赖性，成功登陆。

而最早登陆的维管植物，就是4亿年前登陆的裸蕨类植物。它们比藻类、苔藓类植物更加复杂，已经有了简单的分化。比如茎、支撑身体的假根，而茎内进化出来的维管束，已经可以上下帮忙运输水分和营养物质了；茎表面的角质层可以防止身体水分蒸发；茎表面的气孔，可以进行气体交换；假根也使裸蕨们可以固着在地面上，吸收土壤中的营养。裸蕨植物的繁殖是依靠孢子完成的，孢子囊长在植株顶端，孢子外壁非常坚韧，有利于它的传播。这些特征都是裸蕨类植物逐步适应气生环境，演化出来的结果。

裸蕨类植物的出现意义非常重大，起着承上启下的作用。化石证据表明，裸蕨的祖先是由绿藻中的一支轮藻类演化而来，轮藻的另一支演化出苔藓类植物。裸蕨植物也是未来出现的真蕨类植物与前裸子植物的祖先，为以后出现高等植物奠定了基础。

大惊小"怪"

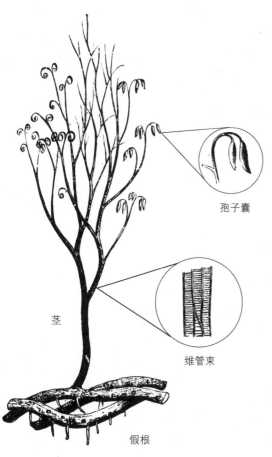

孢子囊

茎

维管束

假根

裸蕨类植物

裸蕨类植物化石

"无脊椎动物的繁荣"三叶虫标本图

我是传奇

三叶虫

如果说到三叶虫，你会想到什么呢？很古老？很威武？还有为什么叫它三叶虫？

知识卡片：三叶虫属于节肢动物，身体两侧对称，明显分为头、胸、腹三部分，背甲坚硬，两条背沟，将背甲纵向分为三片——一个轴叶，两个肋叶，就像三片叶子，所以起名三叶虫。现存最大的三叶虫化石是加拿大发现的霸王等称虫，如果复原以后，身长可达72厘米。最小的三叶虫成体化石，身长不到2毫米。

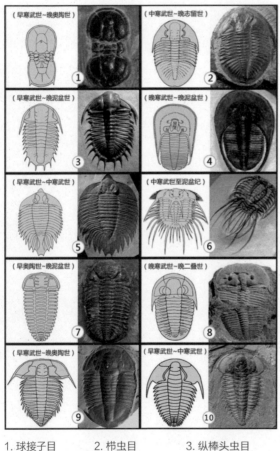

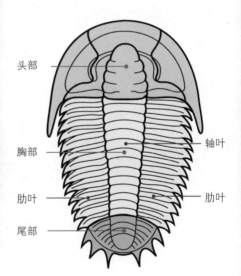

三叶虫的形态结构

1. 球接子目　　2. 栉虫目　　　3. 纵棒头虫目
4. 镰虫目　　　5. 裂肋虫目　　6. 齿肋虫目
7. 镜眼虫目　　8. 砑头虫目　　9. 褶颊虫目
10. 莱得利基虫目

它们的几世繁荣，在历经5次生命大灭绝之后，永远地消失在了地球上！但它们曾经留下的痕迹，并没有随着地球沧海桑田的变迁而消逝。三叶虫的实体化石、印痕化石、遗迹化石，在世界各大陆都有发现！它的知名度不亚于在地球上生活了1.6亿年的恐龙。它从寒武纪早期出现，再到二叠纪末期灭绝，存在时间超过2.7亿年，其1500个属，15000多个种的庞大群体，从繁荣到没落，再到灭绝，演绎着如史诗般的宏伟"虫"生。

17世纪的法国哲学家、物理学家、数学家笛卡尔，首次设计了矫正视力的透镜。而5亿年前的三叶虫，在进化过程中早已可以用如透镜般的钙质小眼组合的复眼，来审视这个世界了。而复眼的存在，见证着演化的变迁，直至现在，依旧保留在占统治地位的节肢动物门的多数动物身上。

种类繁多的三叶虫，一直都是古生物学家、地质学家最宠爱的。因为当科学家在野外考察时，如果发现了一处地层中有三叶虫化石，基本就可以确定这是寒武纪—二叠纪末期某个时期的海相地层，这种可以精准确定地层年代的化石，我们称为"标准化石"。

知识卡片：三叶虫主要在温暖的浅海过着底栖的生活，依靠扁平的身体匍匐在海底，只有部分三叶虫过着浮游的生活。它们的背甲沉重，也导致它们身体不够灵活，迟缓的生活状态使它们性格温和，只吃一些比它们还迟缓的小型生物，或者藻类。

大惊小"怪"

三叶虫栖息的生态环境

怪诞虫的生态场景复原图

『离奇的白日梦』

怪诞虫

怪诞虫化石

这个不到2厘米的小家伙，就是大名鼎鼎的怪诞虫。它最早被发现的时候，并没有受到重视。但后来科学家对它进行了仔细研究，发现它古怪的外形，根本找不到能与现生动物匹配的亲戚。直到现在基因学、胚胎学的发展，终于让这个长相奇怪的远古生命，找到了一脉相承的亲朋好友，这个过程跨越了100多年。

复原它：用73年找到上下，再过31年找到左右

顾名思义，怪诞虫因为它的模样过于奇特，好像是在白日梦里能看到的怪异生物而得名。1911年，怪诞虫在加拿大伯吉斯页岩上被美国古生物学家沃尔科特发现，然而被发现后却一直堆放在博物馆的储藏室里，直到1972年，英国剑桥大学的古生物学家莫里斯对其进行了细致研究，并将其命名为怪诞虫，其复原的样子确实和

大惊小"怪"

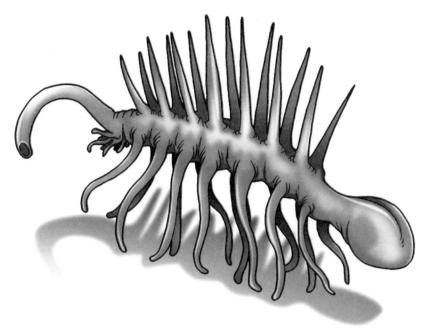

怪诞虫复原图

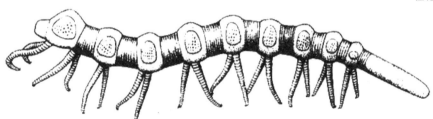

微网虫复原图

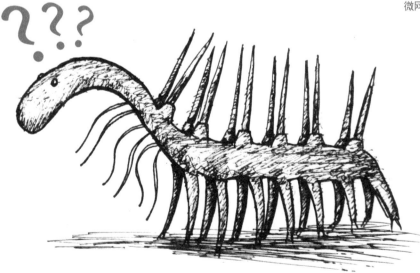

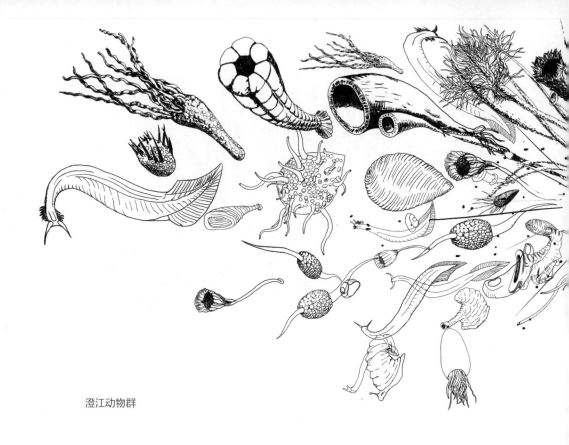

澄江动物群

科幻大片里的异形生物极其相似。

  但在73年以后的1984年，我国著名的科学家侯先光先生，在中国云南帽天山的澄江动物群里，发现了5.3亿年前的怪诞虫和与其非常相似的微网虫。微网虫柔软的触手是能够行走的足，与怪诞虫比对以后，之前一直认为的作为怪诞虫捕食的触手其实是它的足，而它身上的尖刺其实是向上的，生活在海洋底部泥沙里的怪诞虫，主要用向上的刺来威慑来自上方的捕食者，而不是莫里斯当初认为是向下的行走足。最终，侯先光等人确定了怪诞虫是寒武纪的叶足动物，并更正了莫里斯上下颠倒的复原图。

  但是，怪诞虫奇怪的像"灯泡"一样的大脑袋，还是让人觉得很神奇。因为，很多怪诞虫化石的"灯泡"脑袋是大小不一的。

大惊小"怪"

　有些人开始质疑：作为从三维状态压扁成近乎二维状态的化石来说，"灯泡"或许是怪诞虫在被掩埋压扁时，从肛门处喷出的内脏和消化物形成的圆形图案。如果是这样的话，之前的复原图就可能左右颠倒了。

　　直到2015年，一只怪诞虫化石在电子显微镜下的"微笑"，终于让科学家找到了怪诞虫真正的脑袋。以往被认为是怪诞虫尾端的地方，居然在电子显微镜下，找到了眼部的色素痕迹。而微笑的嘴，竟然是怪诞虫的环形齿。再继续观察之前的"灯泡"部分的时候，这一部分也只是怪诞虫内脏挤出肛门，产生压差，将海底泥沙吸回身体里形成的腐败液体结构。这颠覆左右的发现，让科学家们大为震惊。虽然怪诞虫重新复原后，已经不像之前那么怪异了，但它依旧是寒武纪时期，海洋里外貌奇特的生物。

为怪诞虫寻亲

寒武纪时期距今5.41亿—4.85亿年，是一个让进化论理论都无法解释的神奇时期。之所以神奇，是因为海洋在沉寂了30亿年以后，像被一种神秘力量扔进了一枚枚蓄势待发的物种炸弹，引爆了整个生物圈，在短短的几百万年的时间里，大量的可以用肉眼看到的无数无脊椎、脊索动物物种的早期阶段开始突然出现，并发展壮大。那一个时期就是著名的寒武纪生命大爆发，也是显生宙（顾名思义为可以用肉眼看到的生物出现的时期）的开始。

以中国的澄江动物群为例，现发现的生物群化石有120余种，分属海绵动物、腔肠动物、鳃曳动物、叶足动物、节肢动物、棘皮动物和脊索动物等十多个动物门以及分类位置不明的动物门类。发现的很多门类，都是可以找到现生动物的亲戚，但怪诞虫的神奇外貌，为它找到现生动物亲戚制造了难度，一度有人认为它是独立的物种。

为怪诞虫找亲戚，一直都是科学家努力的方向。电子显微镜观察基因序列的对比和胚胎数据库的支持，最终发现怪诞虫具有寒武纪海洋里叶足动物门恐虾类的环形齿和鳃曳动物门奥托虫类咽齿的特点。而恐虾和奥托虫都有蜕皮的特点，怪诞虫同样也有这些特征，所以怪诞虫并不是独立的物种，属于古老的蜕皮动物。

而现生的一种叫作天鹅绒虫的蜕皮动物，它具有不分节的，且和怪诞虫极其相似的层叠角质的爪部结构，以及相似的蠕虫状

大惊小"怪"

的软软身体，以及从叶足动物祖先那里继承的环状口器等。这些很相似的特征，也使天鹅绒虫与怪诞虫建立了亲戚联系。

而事实上，蜕皮动物太多了，如果这些都是怪诞虫的亲戚，那从古至今，怪诞虫的亲戚，将超过现生的所有与脊椎动物有关的物种的数量。

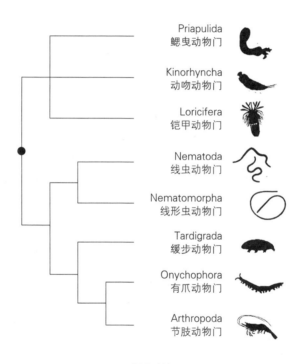

蜕皮动物

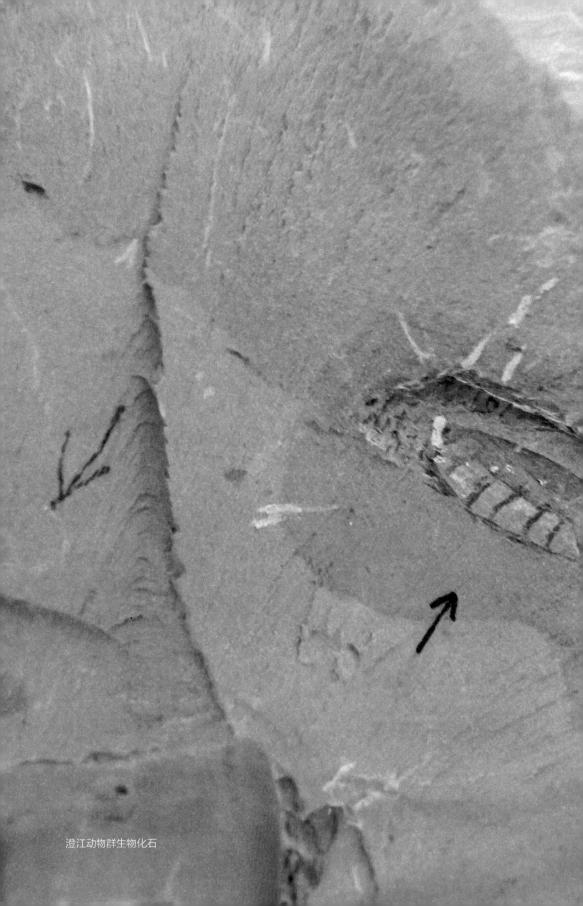

澄江动物群生物化石

脊椎始祖

海口鱼

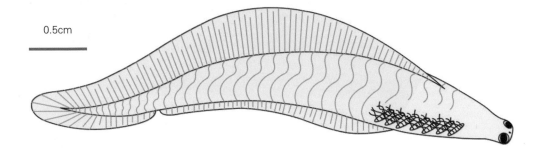

0.5cm

海口鱼复原图

原始头颅

背鳍

鳍条

"之"字型肌节

鳃篮

原始偶鳍

肠道

海口鱼化石

大惊小怪

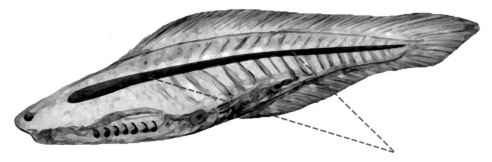

贯穿全身的脊索

海口鱼的原始脊索

　　在博物馆里你可以看到海口鱼的图片。它看起来很小，像鱼又不像鱼，很不起眼，可是发现它的意义却非常重大。

　　海口鱼的发现，让脊椎动物化石记录至少提前了5000万年。最早发现它是在1999年，西北大学早期生命研究所的侯德干，在澄江动物化石群的一处重要产地——海口地区的下寒武统地层中，发现了一类身长不到3厘米，呈纺锤状的鱼形动物化石。它与以往在澄江动物群里发现的华夏鳗等脊索动物在身体结构上有着很大的差异，属于有原始脊椎的无颌鱼类，它的发现被英国《自然》杂志评为世界第一鱼。

　　脊椎的最终出现，是出现有颌鱼类以后。而具有原始脊椎的，距今5.3亿年的无颌鱼类海口鱼，起了承上启下的作用。海口鱼个头很小，有贯穿全身的脊索，但是脊索周围保存着10个按节分

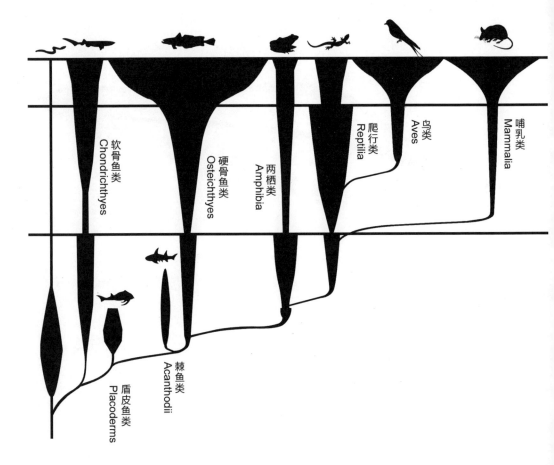

软骨鱼类
Chondrichthyes

硬骨鱼类
Osteichthyes

两栖类
Amphibia

爬行类
Reptilia

鸟类
Aves

哺乳类
Mammalia

棘鱼类
Acanthodii

盾皮鱼类
Placoderms

脊椎动物的演化

大惊小"怪"

离的正方形弓片，这就是原始脊椎的基本结构，主要是软骨成分，同时在原始脊椎的背面和腹面，有神经和血管的雏形。

原始脊椎的出现，为未来有脊椎动物的进化发展奠定了及其重要的生态基础。在数亿年的演化中，原始脊椎形成，支撑起身体，保护着神经管、内脏，是肌肉的支点，而脊椎动物的头骨、颌的出现，都是在这些基础上进化发展起来的，而这些分化，也使脊椎动物的身体更加灵活，扩展了捕食空间。

海口鱼除了具有原始脊椎以外，还具有"w"形肌节。肌节是鱼类运动的主要器官，当它们游动时，肌节节律性地交替收缩，产生至尾部的运动波，运动波向后形成与水的反作用力，推动它们前进。目前已知的脊椎动物的肌节都是"w"形，海口鱼整个躯干由整齐排列的25-30块"w"形肌节组成。这些都证明它们属于原始的脊椎动物。

在云南的澄江动物群中，科学家除了发现海口鱼以外，还发现了云南虫、华夏鳗、昆明鱼等大量的早期脊索动物和原始脊椎动物。这些发现，为无脊椎动物向有脊椎动物演化，提供了丰富的化石证据，让科学家描绘出了脊索动物早期演化的生命谱系。

所以说中国云南澄江动物群的发现是20世纪最重大的发现。它所蕴藏的化石宝藏，深刻展示着寒武纪生命大爆发时期，各动物门类欣欣向荣、蓬勃发展的历史瞬间。

中华侏罗兽的栖息环境

『来自中国的侏罗纪母亲』

中华侏罗兽

在自然博物馆里的古哺乳动物展厅，你可以找找中华侏罗兽的骨骼化石，当你找到它的时候，你会觉得比起震撼的古象、巨犀的化石，中华侏罗兽太小了，像一只被压在石板上的"小老鼠"。确实，保存在自然博物馆里侏罗兽的正型标本，看上去很不完整，仅保存了2.2厘米的头骨、部分头后骨架、前肢及毛发印痕，这样的小东西居然被叫作"来自中国的侏罗纪母亲"，但听听它的故事，你才能意识到它存在的意义有多大。

　　提到母亲，我们联想到的一定是孕育生命、用乳汁哺育儿女、延续种族、让生命之河潺潺不息的形象。说到哺乳，这可是哺乳类动物的专利，现存哺乳动物共有5000多种，包括原兽类、后兽

中华侏罗兽化石标本

大惊小"怪"

原兽类

泌尿、生殖和消化都通过唯一的"泄殖腔"例如鸭嘴兽、针鼹。

后兽类

最大特点是雌性在腹部有一个育儿袋，幼体出生非常不成熟，必须在母体袋内长期哺乳。例如袋鼠、袋熊和袋貂等。

真兽类

最大特征是雌性具有胎盘，幼体在母体的子宫中能通过胎盘吸收营养，包括鲸和我们人类。

现生哺乳动物有三大类

攀援始祖兽标本

类、真兽类。其中只有真兽类哺乳动物具有胎盘（胎盘是母体内为胎儿提供营养的组织结构）。哺乳类动物中有95%都是有胎盘动物，在整个生态圈里，它们的存在意义极其重大。我们人类也属于有胎盘类哺乳动物。

在没有发现侏罗兽的时候，最早发现的真兽类哺乳动物是产自西伯利亚距今1.15亿年的真兽类哺乳动物零散的牙齿化石。2001年，科学家在我国辽西发现了攀援始祖兽，这把真兽类哺乳动物的起源年代向前推进了至少1500万年，这已经让世界为之瞩目。而在2009年，中国地质科学院的季强研究员，在辽宁省建昌县发现了距今1.6亿年的中华侏罗兽，这比之前发现的白垩纪真兽类化石记录又提前了3500万年，是目前世界上已知发现的最早的真兽类哺乳动物的骨骼化石。它可以说是真兽类哺乳动物的老祖母了。

如果我们复原中华侏罗兽，它的样子非常像现生动物鼩鼱，体长约10厘米，体重应该不超过17克。牙齿化石显示它是食虫性哺乳类动物，而保存完整的前肢和爪部化石，说明它具有极其强大的攀爬能力。侏罗兽生活的侏罗纪时期，正是大型爬行类动物恐龙的鼎盛时期。而小小的侏罗兽正是凭借着短小精悍的身材，善于攀爬的四肢，可以在树顶树干树枝处灵活往返，以躲避可能遇到的危险。

这种生活习性，使真兽类哺乳动物，在大型爬行动物统治地球时期，保留下了延续种族最合适的生态位。直到白垩纪末期，当遭遇巨变之后，恐龙统治的年代一去不复返，而体型小的哺乳动物，正是在那时，躲避了灭顶之灾，最终走向繁盛，且生生不息。

大惊小"怪"

中华侏罗兽复原图

黑羽精灵
小盗龙

小盗龙化石标本

　　博物馆里的小盗龙化石，它以近二维的状态，折叠压扁在一片褐色的岩层中。尾部、四肢的羽毛痕迹在这块化石上清晰可见。化石的存在是矛盾与神奇的，见证了一个又一个悲惨的瞬间，记录着被困者最后的痛苦与挣扎；但同时它也记录了，这些物种曾经有的辉煌。毕竟亿万年的时间长河里，能镌刻在历史里并保存下来的东西并不多。

大惊小"怪"

小盗龙曾经生活在距今1.2亿年的热河生物群中。当时的地球大陆正被强烈的地震撕扯分裂。欧亚大陆东部，有一大片淡水湖环绕，气候温暖湿润的大陆。而我们所说的热河生物群，就是生活在这一片乐土上的生物群。热河生物群的发现，开启了研究生物演化的又一新篇章。热河生物群生活在中生代时期，也是恐龙最繁茂的时期。我们的主角小盗龙，正是这一时期进化较为先进的恐龙体系的一支。

小盗龙名字意为小型盗贼，说明了它体型小，便于隐藏，因为拥有会滑翔的羽翼四肢，所以它可以从空中俯冲下来，快速捕食。而最新的研究发现，在一些小盗龙化石的胃部发现有小型蜥蜴、鱼类、未消化的古鸟和古哺乳动物的身体残骸。说明它食性复杂，具有林栖和水栖的食性特点，且滑翔能力也非常强。

在电子显微镜下观察小盗龙羽毛黑素体的形态、结构和排列方式，发现这些色素体的排列与现生的乌鸦、黑椋鸟的羽毛颜色非常相似。同时这些黑素体很长，很窄，片状排列，与现生鸟类羽毛彩虹光泽的黑素体排列非常类似。

如果将小盗龙复原，让它出现在我们的世界，你一定会觉得它太不起眼了，它的体长大概0.45—1米，体重也就1千克，感觉与现生的野鸡个头差不多，黑黑的，近距离看，在阳光的照射下，身体会反射出彩虹般的金属光泽，像家燕背脊上蓝黑色羽毛的颜色。但是当它从树上俯冲下来，你会发现它居然有四个翅膀，那其实只是它长有羽毛的四肢，它有长而特别的尾羽，和比起身体有些大的脑袋。它可不是鸟类，它是自然博物馆的黑羽精灵，是

小盗龙复原模型

1m

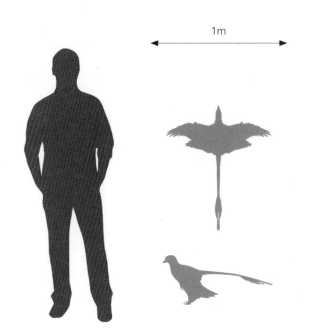

小盗龙形体比例

大惊小"怪"

小盗龙复原图

世界上最小的带羽毛恐龙——小盗龙。它也许见证了恐龙向鸟类演化的四翼阶段，也可能只是恐龙的一支向旁支演化最终没有进化成功而没落的一支。总之，化石把它最后的壮美凝固在了亿万年前的某一天，也让亿万年后的我们领略了死亡也许不是生的对立面，它只是生的一部分。

Ph000924

奇异辽宁龙化石

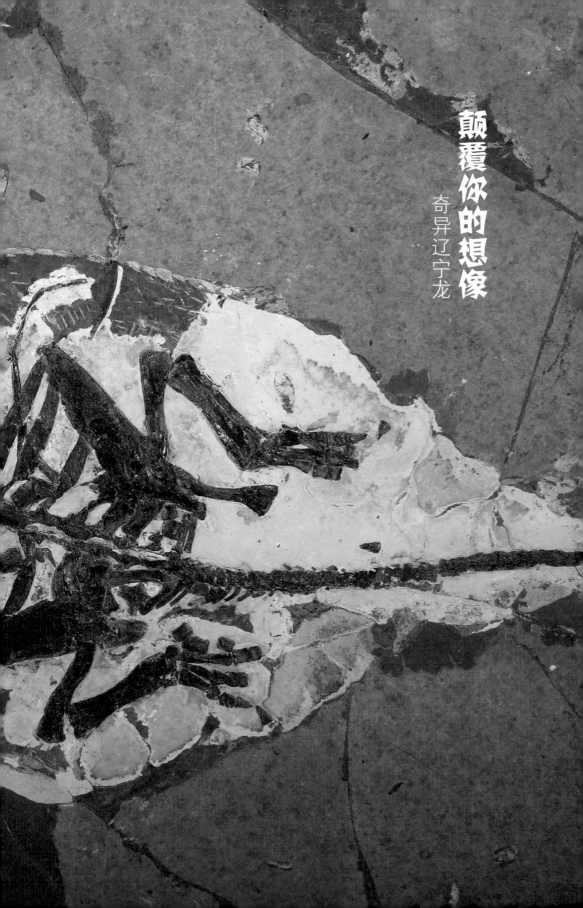

颠覆你的想像

奇异辽宁龙

奇异辽宁龙复原图

奇异辽宁龙，望文生义，你会觉得它一定是种很奇特的，甚至有些怪异的恐龙。如果你乍一看它的复原图，会觉得这是一只长胖了的蜥蜴，或者是瘦身了的鳄鱼，但看它的腹面复原图，却能看到它居然有像乌龟一样的腹甲。这副模样和我们心目中的恐龙模样不沾边呀！

大惊小"怪"

甲龙亚目

奇异辽宁龙

奇异辽宁龙所在分类

　　奇异辽宁龙在分类当中，属于鸟臀目恐龙中的甲龙亚目的恐龙。它的亲朋好友，都拥有着像坦克、装甲车一般的身体，是以吨来计算体重的庞然大物。而奇异辽宁龙的体型最长的也不过50厘米，体重以克作为计数单位即可。

　　奇异辽宁龙是甲龙家族里的异类，为什么这么说呢？甲龙亚目中包括甲龙科和结节龙科等，大部分甲龙科恐龙的特点是它们的脊椎骨末端肿胀而形成像棒槌一样的尾巴，除腹部外，都身披厚重的骨甲，最著名的就是包头龙。

　　而结节龙科的恐龙没有棒槌一样的尾巴，它们的身体披满了

结节龙科

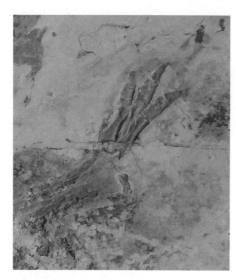

奇异辽宁龙的爪子

甲龙的爪子

大惊小"怪"

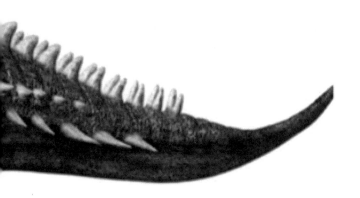

包头龙

针状和瘤状的骨甲，具有狭窄的头部。而奇异辽宁龙身上具有甲龙科和结节龙科的共同特点外，它还拥有甲龙亚目恐龙所没有的腹甲，别看它小，但可谓全副武装。

说到全副武装，除了全身上下被骨甲包裹外，如果你看它的爪，它的爪不像甲龙类恐龙那样短钝，它们的爪子尖锐无比，可以撕碎猎物，同时它的牙齿具有长而分叉的齿饰，这种牙齿可以穿透猎物的身体。可以说奇异辽宁龙是武装到牙齿的一种肉食性的鸟臀目恐龙。

对于恐龙家族来说，肉食性的鸟臀目恐龙是非常少的。鸟臀

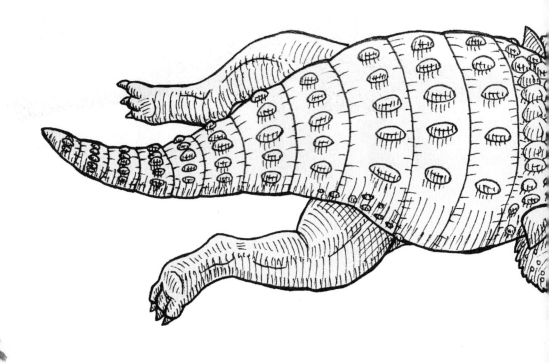

大惊小"怪"

目恐龙在人们心目中，一直都是食素为主。科学家对奇异辽宁龙的多件标本研究以后，发现它四肢比例比起其他甲龙类更加修长，且腰带骨连接疏松，这样的形态，便于它在水下活动，同时一些奇异辽宁龙胃内容物的化石证据表明，它是一种以鱼类为食的恐龙。对于大部分生活在陆地上的恐龙来说，有水生生活倾向的奇异辽宁龙也算是异类了。

综上所述，奇异辽宁龙是生活在水中的恐龙，是最小的鸟臀目恐龙，又是鸟臀目恐龙中的肉食者，是甲龙家族里的四不像。总之，它是一种颠覆正常人想象的恐龙，但在神奇的大自然中，这种奇妙其实随处可见，除了叹为观止以外，还激发着我们不断探索自然的渴望。

水中生活的恐龙

三塔中国鸟

飞向世界的三塔中国鸟

古爬行动物化石标本

大惊小"怪"

三塔中国鸟

ornis santensis Sereno et Rao, 1992

代和层位：早白垩世九佛堂组

地：辽宁朝阳胜利乡梅勒营子

e and Locality: Early Cretaceous, Liaoning Province

介：三塔中国鸟是我国发现的第一件中生代完整鸟类化石，是"20世纪末国际古生
界最重大的发现之一"。三塔中国鸟属于反鸟亚纲、华夏鸟目，中国鸟属成员，它
发现揭开了辽西热河生物群重大脊椎动物化石发现的序幕，此后在朝阳及其邻近地
的义县组、九佛堂组地层中相继发现一系列在鸟类演化历史上占据重要地位的白垩
早期鸟类和带毛恐龙化石，引起了鸟类起源与演化研究的革命

今天我们不讲自然博物馆中常见的大家伙的故事，要知道本书的主题是大惊小"怪"！我在讲述10个小"怪"的故事的同时，一个个揭开隐藏在它们身上的大秘密。今天讲的这个小"怪"，它叫"三塔中国鸟"。它位于古爬行动物展厅的小二层，那里有一排水晶玻璃柜，明亮的展示灯，照耀着一些个头不大，但意义非凡的古鸟类化石，它们在那里熠熠生辉，也吸引着无数对古鸟类演化感兴趣的观众们。

　　三塔中国鸟在其中显得太不起眼了，身长10多厘米的小家伙，活着的时候也就如同麻雀那么大。可不要小看它，它像所有之前我们讲的"小怪"们一样，一经发现，就意义重大。1988年，三塔中国鸟在我国辽宁西部的朝阳地区被发现，一出现就备受瞩目，被评为当年全球100项重大科学新闻之一。这是为什么呢？因为自1861年德国发现7具始祖鸟的化石以后，在将近127年的时间里，对于古鸟类的研究一直没有新的进展。但在1982年，我国科学家在甘肃发现了一些古鸟类的后肢骨化石，定名为甘肃鸟。随后三塔中国鸟被发现，它的完整出现揭开了中国辽西鸟类化石大发现的序幕，当大幕徐徐拉开时，三塔中国鸟就是第一个登上舞台的排头兵。

　　当时根据化石出土地层层位的植物孢粉分析，推断三塔中国鸟的年代是距今1.3亿年。

　　研究表明三塔中国鸟比始祖鸟更适合飞翔和树栖生活，如：它纤细、弯曲的后足结构，有利于它在树上长时间抓握停留，以躲避地面上的危险；它强大的胸骨可以附着更多的有利于飞行的肌肉

大惊小"怪"

三塔中国鸟化石标本

后足　　尾综骨　　腰带骨　　前肢　　胸骨

后足

三塔中国鸟化石结构图

群，说明它飞行能力更强；它拥有始祖鸟没有的尾综骨，便于羽毛的附着，这对于飞行的强弱，起着极其重要的作用，而始祖鸟则像兽脚类恐龙一样，拥有14块脊椎，拥有一根很长的尾椎。三塔中国鸟依旧保留了一些爬行动物的特征，例如：口中有牙齿；拥有爬行动物的腹肋膜；腰带骨与始祖鸟非常的类似；前肢拥有可以弯曲的爪等。这些都在说明，它和现在鸟类有着很大的差别。

大惊小"怪"

辽西地区发现的鸟类化石

随着在辽西朝阳地区发现的鸟类化石越来越多，这些化石把中生代鸟类演化的特征——呈现出来，逐渐形成一条明晰的生物演化链条。

知识卡片：三塔中国鸟被发现的化石点附近，有三座辽金古塔，三塔即朝阳的意思。而这个名字，似乎也有着深刻的寓意。当三塔中国鸟被发现以后，从20世纪80年代到现在，辽西的朝阳地区陆陆续续发现了50多种中生代鸟类化石，从此朝阳鸟化石被称为"中生代原始鸟类研究的灯塔"。

恐龙木乃伊

说到恐龙木乃伊，你会不会"脑补"出身缠白绷带的恐龙形象呢？在大多数人的脑海里，木乃伊是公元前3000多年前，埋葬在金字塔下的埃及法老王，他们是古代人类用特殊方式制作的人类干尸，身缠白色绷带，古老而神秘。但其实任何有机生命在自然环境中，形成木乃伊的概率都是有的。尸体腐烂源于机体内的微生物，在生物死亡以后，在水分、氧气合适的情况下，微生物开始分解死亡的生命体，造成尸体的腐烂。但在一些特殊环境下，例如：缺水、低温或者缺氧环境下等，都可能导致机体不腐烂。例如新疆极度干燥环境中形成的木乃伊；或者是在酷寒环境下形成的木乃伊；或者在酸性环境里形成的沼泽木乃伊；也有自身肥胖，在环境允许的情况下形成的皂化木乃伊；在浅盐水环境下，形成的海星和海马木乃伊等。

　　恐龙木乃伊化石，是生活在1.2亿年前的一条鹦鹉嘴龙在经过干热的火山灰烘烤后，留下的带有皮肤组织痕迹的化石。化石全长不超半米，它的头部、脊柱和尾部压叠成S型，颈部肩胛背脊上的皮肤鳞片痕迹极其明显，鳞片大概1—1.5mm，镶嵌排列，在皮肤和肌肉之间似乎还有肌肉的化石痕迹。

　　恐龙"木乃伊"化石，是科学家在我国的辽西西部地区发现的。这具化石形成的非常不容易，尤其对掩埋环境要求很高。科学家推断，它死亡的时候，尸体是在相对干燥的火山灰中被保存下来的，研究还表明，它当时被大量酸性沉积物迅速掩埋，这样

大惊小"怪"

恐龙"木乃伊"化石

单位：mm

恐龙"木乃伊"的皮肤组织印痕

鹦鹉嘴龙复原图

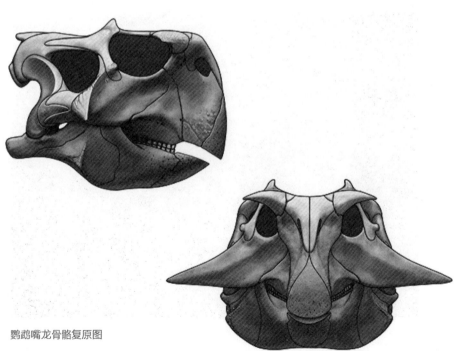

鹦鹉嘴龙骨骼复原图

大惊小"怪"

的掩埋使机体迅速隔离氧气，在它腐败之前，就被这些酸性物质保护了起来。它是中国发现的第一具恐龙木乃伊化石。而全世界的恐龙木乃伊总共仅5具。所以它的发现意义重大，是及其珍贵罕见的。

鹦鹉嘴龙生活在早白垩纪的亚洲，距今1.2亿—1.1亿年，属于鸟臀目恐龙，身长1—2米，两足行走，头短，吻部弯曲并包以角质喙；牙齿锐利，用来切割、切碎娇嫩多汁的植物。它鹦鹉状的嘴和以后出现的原角龙、三角龙的嘴非常相似，所以有人认为它有可能是大部分角龙类的祖先类型。在很多鹦鹉嘴龙的胃部发现了大量的胃石，说明鹦鹉嘴龙牙齿的咀嚼能力很差。它们的化石大量在亚洲的早白垩纪时期地层中被发现，被称为该地层的标准化石。化石证据还表明，鹦鹉嘴龙有亲代抚育幼体的习性。